Sitzungsberichte

der

Heidelberger Akademie der Wissenschaften

Stiftung Heinrich Lanz

Mathematisch-naturwissenschaftliche Klasse

*) *Jahrgang 1921 erschien im Verlage von Carl Winters Universitätsbuchhandlung in Heidelberg.*

Im Verlag von Walter de Gruyter & Co. vormals G. J. Göschen'sche Verlagshandlung — J. Guttentag, Verlagsbuchhandlung — Georg Reimer — Karl J. Trübner — Veit & Comp., Berlin erschienen:

Abteilung A. Mathematisch-physikalische Wissenschaften.

Jahrgang 1922: 3 Hefte.

Jahrgang 1923: 5 Hefte.

Jahrgang 1924: 11 Hefte.

Abteilung B. Biologische Wissenschaften.

Jahrgang 1923: 1 Heft.

Von Jahrgang 1925 ab findet die Trennung in Abteilung A und B nicht mehr statt.

Jahrgang 1925.

1. Heffter, Lothar. Zur absoluten Geometrie II. Reichsmark 0·50
2. Roeser, Ernst. Die komplementären Figuren der nichteuklidischen Ebene. Reichsmark 0·50
3. Fladt, Kuno. Neuer Beweis f. d. Zuordnung von rechtwinkligem Dreieck und Spitzeck in der hyperbolischen Elementargeometrie. Reichsmark 0·30
4. Salomon, Wilhelm. Beobachtungen über Harnische. Reichsmark 0·70
5. Loewy, A. Beiträge zur Algebra. 1–4. Reichsmark 1·—
6. Hellpach, Willy. 2. Mitteilung zur Physiognomik der deutschen Volksstämme. Reichsmark 0·30
7. Loewy, Alfred. Neue elementare Begründung u. Erweiterung der Galois'schen Theorie. Reichsmark 2·—
8. Curtius, Theodor u. Bertho, Alfred. Einwirkung von Stickstoffkohlenoxyd und von Stickstoffwasserstoffsäure unter Druck auf aromatische Kohlenwasserstoffe. Reichsmark 0·40
9. Roeser, Ernst. Die gnomonische Projektion in der hyperbolischen Geometrie. Reichsmark 0·70
10. Rasch, G. Über die Ausnützung der Gezeiten des Meeres zur Energiegewinnung. Reichsmark 0·80
11. Salomon, Wilhelm. Magmatische Hebungen. Reichsmark 1·20
12. Pütter, A. Altersbestimmungen an Drachenbäumen von Tenerife. Reichsmark 0·90
13. Volk, Otto. Über geodätische rhombische Kurvennetze auf krummen Flächen, insbesondere auf Flächen konstanter Krümmung. Reichsmark 1·10
14. Roeser, Ernst. Die Fundamentalkonstruktion der hyperbolischen Geometrie. Reichsmark 1·40

(Fortsetzung siehe 3. Umschlagseite)

*) Bestellungen auf solche Veröffentlichungen der math.-naturw. Klasse, welche früher im Verlag von Carl Winters Universitätsbuchhandlung in Heidelberg erschienen sind nimmt auch der Verlag Walter de Gruyter & Co., Berlin, entgegen.

Sitzungsberichte
der Heidelberger Akademie der Wissenschaften
Mathematisch-naturwissenschaftliche Klasse
Jahrgang 1929. 18. Abhandlung.

Neuer Beweis des Transversalensatzes in der absoluten Geometrie

Von

Friedrich Gruber
in Wien

Vorgelegt von Herrn Liebmann
in der Sitzung vom 9. November 1929

Berlin und Leipzig 1929

Walter de Gruyter & Co.

vormals G. J. Göschen'sche Verlagshandlung / J. Guttentag, Verlagsbuchhandlung / Georg Reimer / Karl J. Trübner / Veit & Comp.

Neuer Beweis des Transversalensatzes in der absoluten Geometrie

Vorbemerkung: Der hier mitgeteilte Beweis des Satzes, daß im Dreieck die Transversalen von den Ecken nach den Mitten der Gegenseiten einander in einem Punkt schneiden, ist einfacher als der des Unterzeichneten [1]), benützt aber ebenfalls räumliche Hilfskonstruktionen.

Ein Beweis mit den Hilfsmitteln der absoluten Geometrischen Ebene allein ist noch nicht gelungen, und so gilt noch das kürzlich geprägte Wort [2]): Er gehört zu den Sätzen, „die zwar in einer Disziplin (absolute Geometrie der Ebene) als geltend anerkannt sind, aber noch nicht in ihr bewiesen".

Liebmann.

Hilfssatz: Das Lot von der Mitte einer Seite auf die Mittelsenkrechte einer zweiten Seite geht durch die Mitte der dritten Seite.

Dieser Satz läßt sich folgendermaßen beweisen:

Sei von der Mitte D der Seite $\overline{AC}$ das Lot auf die Mittelsenkrechte m der Seite $\overline{AB}$ gezogen; es muß nach dem Axiom von Pasch die Seite $\overline{BC}$ treffen, der Schnittpunkt heiße E. Die Fußpunkte der Lote von A resp. B auf die Gerade DE seien F und G.

Es muß $\overline{AF}=\overline{BG}$ sein. Man mache nun $\overline{BH}=\overline{AD}$, dann ist $\Delta\ AFD \equiv \Delta\ BGH$, folglich $\sphericalangle\ ADF = \sphericalangle\ BHE$ und, da $\sphericalangle\ ADF = \sphericalangle\ CDE$, auch $\sphericalangle\ CDE = \sphericalangle\ BHE$.

Daher $\Delta\, CDE \equiv \Delta\, BHE$, weil

$$\overline{AD} = \overline{CD} = \overline{BH},$$
$$\sphericalangle\ CED = \sphericalangle\ BEH,$$
$$\sphericalangle\ CDE = \sphericalangle\ BHE.$$

---

1) H. Liebmann, Nichteuklidische Geometrie (3. Aufl.) Berlin und Leipzig 1923, S. 22.

2) R. Baldus, Über Eulers Dreieckssatz in der absoluten Geometrie. (Diese Berichte 1929, 11. Abhandlung, S. 11.)

Aus der Kongruenz der Dreiecke CDE und BHE folgt $\overline{BE}=\overline{CE}$, w. z. b. w. (Fig. 1).

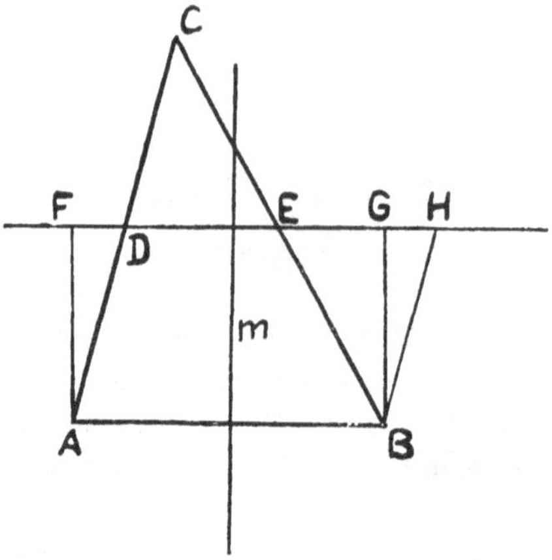

Fig. 1.

Diesen Hilfssatz vorausgesetzt, folgt aus der Gültigkeit des zu beweisenden Schnittpunktsatzes für gleichschenklige Dreiecke seine allgemeine Gültigkeit mittelst eines Projektionsverfahrens auf folgende Weise:

Sei ABC' ein beliebiges Dreieck, ABC irgendein gleichschenkliches Dreieck ($\overline{AC}=\overline{BC}$) in einer andern Ebene. Sei dann MP die Mittelsenkrechte der Seite $\overline{CC'}$ des Dreiecks ACC' und MQ die Mittelsenkrechte von $\overline{CC'}$ in dem Dreiecke BCC', ferner D und E die Mitten der Seiten $\overline{AC}$ und $\overline{BC}$. Infolge des Hilfssatzes gehen die Lote von D resp. E auf MP resp. MQ durch die Mitten D' resp. E' der Seiten AC' resp. BC.

CC', DD' und EE' stehen — wie leicht zu sehen — sämtlich auf der Ebene PMQ, der Symmetrieebene von $\overline{CC'}$, senkrecht. Nun wird durch Projektionsstrahlen, welche sämtlich auf einer Ebene senkrecht stehen, zwischen zwei Ebenen eine kollineare Beziehung hergestellt. Das Dreieck ABC' läßt sich als das Projektionsbild des gleichschenkligen Dreiecks ABC auffassen, wobei — wie aus den obigen Betrachtungen hervorgeht, die Transversalen $\overline{AE'}$, $\overline{BD'}$, $\overline{C'F}$ die Bilder der Transversalen $\overline{AE}$, $\overline{BD}$, $\overline{CF}$ darstellen.

Da nun im gleichschenkligen Dreieck — wie leicht zu zeigen ist — die Transversalen von den Ecken nach den Seitenmitten der Gegenseiten einen gemeinsamen Schnittpunkt haben, muß dies also auch in einem beliebigen Dreieck der Fall sein.

Das Bild S' des Transversalen-Schnittpunktes S in dem gleichschenkligen Dreieck ABC muß der gemeinsame Schnittpunkt der drei Transversalen AE', BD', $C'F'$ des beliebigen Dreiecks ABC' sein.

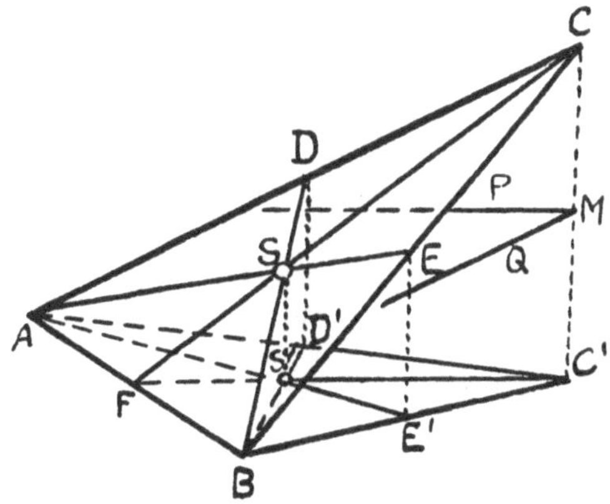

Fig. 2.

Der hier gegebene Beweis ist von jedem Parallelenaxiom unabhängig, gilt also gleicherweise für die Euklidische Geometrie wie für die beiden Nichteuklidischen Geometrien.

15. Rüger, L. u. Rüger-Haas, P. Palaeosemaeostoma geryonides v. Huene sp. eine sessile Meduse aus dem Dogger von Wehingen i. W. und Medusina liasica nov. sp., eine coronatenähnliche Meduse aus dem mittleren Lias von Hechingen i. Württemberg. Reichsmark 1·50

Jahrgang 1926.

1. Krull, Wolfgang. Theorie und Anwendung der verallgemeinerten Abelschen Gruppen. Reichsmark 1·70
2. Klebs, Georg. Über periodisch wachsende tropische Baumarten. Reichsmark 1·20
3. Müller, Max. Über die Oberfläche von Flächenstücken. Reichsmark 1·20
4. Ernst, Max. Über Anlagen von Organen, die nicht zur Ausbildung gelangen. Reichsmark 0·50
5. Ernst, Emil. Die optischen Eigenschaften des Andesins von Bodenmais. Reichsmark 1·10
6. Liepmann, Wilhelm. Leichengeburt bei Ichthyosauriern. Reichsmark 0·90
7. Klebs, Georg. Über die Längenperiode der Internodien. Reichsmark 2·40
8. Jost, L. u. v. Ubisch, G. Zur Windefrage. Reichsmark 0·80
9. Salomon, Wilhelm. Gibt es Gesteine, die für bestimmte Erdperioden charakteristisch sind? Reichsmark 0·30
10. Roeser, Ernst. Der reelle Übergang zwischen den beiden nichteuklidischen Geometrien und ihrem Parallelenbegriff. Reichsmark 1·20
11. Salomon, Wilhelm. Kugelförmige Absonderung. Reichsmark 0·80
12. Salomon, Felsenmeere und Blockstreuungen. Reichsmark 0·80
13. Salomon, Die Gruppendefinitionen in der Paläontologie. Reichsmark 0·90

Jahrgang 1927.

1. Loewy, Alfred. Neue elementare Begründung und Erweiterung der Galoisschen Theorie. Reichsmark 1·60
2. Liebmann, Heinrich. Rhombische Geradennetze im Raum. Reichsmark 1·—
3. Volk, Otto. Über geodätische Dreiecknetze auf Flächen konstanten Krümmungsmaßes. Reichsmark 1·80
4. Pütter, A. Chemische Reizwirkung und Giftwirkung. Mit einem mathematischen Anhang: Ein Diffussionsproblem von E. Trefftz. Reichsmark 2·40
5. Rembs, Eduard. Die Verbiegung des verlängerten Rotationsellipsoids. Reichsmark 1·60
6. Mayer, Adolf. Naturwissenschaftliche Ästhetik. Reichsmark 0·90
7. Mayer, Adolf. Naturwissenschaftliche Volkswirtschaftslehre. Reichsm 0·80
8. Baer, R., Kapferer, H., Krull, W., Schmidt, F. K. Beiträge zur Algebra. Nr. 5—10. Reichsmark 6·20
9. Müller, Max. Über die Eindeutigkeit der Intregale eines Systems gewöhnlicher Differentialgleichungen und die Konvergenz einer Gattung von Verfahren zur Approximation dieser Integrale. Reichsmark 2·50
10. Freudenberg, Karl. Intramolekulare Umlagerung optisch-aktiver Systeme. Reichsmark 1·—
11. Roeser, Ernst. Abbildung der hyperbolischen Ebene auf die Kugel mittels der Beziehung zwischen Lot und Parallelwinkel. Reichsmark 1·—
12. Rüger, L. Die direkte gebirgsgetreue Übertragung der auf dem Universaldrehtisch gewonnenen Messungsergebnisse gebirgsorientierter Schliffe in das Diagramm. Reichsmark 1·20
13. Jost, L. Elektrische Potentialdifferenzen an der Einzelzelle. Reichsmark 1·90

Jahrgang 1928.

1. Rüger, L. Einige Bemerkungen zur Darstellung tektonischer Elemente, insbesonders von Klüften und Harnischen. Reichsmark 1·20
2. Herbst, Curt. Untersuchungen zur Bestimmung des Geschlechts. Ein neuer Weg zur Lösung des Geschlechtsbestimmungsproblems bei Bonellia viridis. Reichsmark 1·50
3. Merton, Hugo. Untersuchungen über die Entstehung amöbenähnlicher Zellen aus absterbenden Infusorien. Reichsmark 2·20

4. BAER, REINHOLD. Zur Einordnung der Theorie der Mischgruppen in die Gruppentheorie. Reichsmark 2·20
5. BAER, REINHOLD. Über die Zerlegungen einer Mischgruppe nach einer Untermischgruppe. Reichsmark 1·50
6. ROESER, ERNST. Komplementäre Körper der beiden nichteuklidischen Geometrien. Reichsmark 1·—
7. KRULL, WOLFGANG. Primidealketten in allgemeinen Ringbereichen. Reichsmark 1·10
8. SALOMON, WILHELM. Geologische Beobachtungen des Leonardo da Vinci. Reichsmark 0·90
9. LIEBMANN, HEINRICH. Die Sätze von Lie und Gambier über Kurven eines Linienkomplexes. Reichsmark 0·90
10. MERZ, K. W. Über den Wirkungsantagonismus von Blutkörperchen und Serum bei chemisch faßbaren biologischen Vorgängen. Reichsmark 1·20
11. MÜHLBACH, R. Über Raumkurven in der Möbius'schen Geometrie. Reichsmark 1·20
12. ERNST, PAUL. Wurzeln der Medizin. Reichsmark 1·50
13. MAYER, ADOLF. Naturwissenschaftliche Apologetik des Christentums. Reichsmark 1·60
14. BAER, REINHOLD. Beiträge zur Galoisschen Theorie. Reichsmark 1·80
15. SALOMON, WILHELM. Neue geologische Beobachtungen im Baitonegebiet des Adamello. Reichsmark 0·90
16. ERDMANNSDÖRFFER, O. H. Über Disthen-Andalusitparagenesen. Reichsm. 1·20
17. SCHNEIDT, MAX. Kurvennetze ohne Umwege. Reichsmark 1·30
18. BOPP, K. J. H. Lamberts und A. G. Kaestners Briefe aus den Gothaer Manuskripten herausgegeben. Reichsmark 2·20
19. FREUDENBERG, K. Zur Kenntnis des Fichtenholz-Lignins. Reichsmark 1·10

Jahrgang 1929:

1. VOLK, OTTO. Über Flächen mit geodätischen Dreiecksnetzen. Reichsm. 2·50
2. SCHMIDT, F. K., KRULL, W., BREUER, S. Beiträge zur Algebra. Nr. 11—13. Reichsmark 1·80
3. HIEBER, W., Zur Kenntnis der chemischen Reaktionen des Eisencarbonyls. Reichsmark 0·90
4. SALOMON, WILHELM. Gletscherbeobachtungen am Vadret Lischanna (Unterengadin). Reichsmark 1·—
5. SALOMON, WILHELM. Arktische Bodenformen in den Alpen. Reichsmark 2·50
6. MÜLLER, MAX. Über die Greensche Funktion des Laplaceschen Differentialausdruckes. Reichsmark 1·50
7. RÜGER, L. Machairodus latidens Owen aus den altdiluvialen Sanden von Mauer a. d. Elsenz. Reichsmark 0·90
8. LENARD, P. Über Energie und Gravitation. Reichsmark 1·90
9. DEECKE, W. Zur Entstehung der Kare. Reichsmark 0·80
10. ROESER, E. Neue Sätze über sphärische und hyperbolische Fünfecke. Reichsmark 1·—
11. BALDUS, R. Über EULERS Dreieckssatz in der absoluten Geometrie. Reichsmark 1·—
12. TRAUTZ, M. Die Reibung, Wärmeleitung und Diffusion in Gasmischungen. II. Reichsmark 2·80
13. SANDER, B., und FELKEL, E. Zur tektonischen Analyse von Schmelztektoniten. Reichsmark 2·50
14. SCHOLZ, ARNOLD. Beiträge zur Algebra. Nr. 14. Reichsmark 1·20
15. BAER, REINHOLD. Beziehungen zwischen den Grundbegriffen der Topologie. Reichsmark 1·60
16. HERBST, CURT. Untersuchungen zur Bestimmung des Geschlechts. Weitere Experimente über die Vermännlichung indifferenter Bonellia-Larven durch künstliche Mittel. Reichsmark 3·—
17. ERDMANNSDÖRFFER, O. H. Über Alkalihornblenden aus dem Radautal. Reichsmark 0·80
18. GRUBER, FRIEDRICH. Neuer Beweis des Transversalensatzes in der absoluten Geometrie. Reichsmark 0·80

Druck: Hermann Böhlaus Nachfolger, Hof-Buchdruckerei, G. m. b. H., Weimar.

MIX
Papier | Fördert gute Waldnutzung
FSC® C083411

Zeitfracht Medien GmbH
Ferdinand-Jühlke-Straße 7
99095 Erfurt, Deutschland
produktsicherheit@kolibri360.de